LA BASILIQUE

DE LA RÉPARATION

A SAINT-DIZIER

Diocèse de Langres (Haute-Marne)

SOMMAIRE

AVANT-PROPOS

ÉTAT DE LA QUESTION

LA BASILIQUE S'IMPOSE A LA FRANCE CATHOLIQUE

LA BASILIQUE S'IMPOSE AU DIOCÈSE DE LANGRES

LA BASILIQUE S'IMPOSE A LA VILLE DE SAINT-DIZIER

LA BASILIQUE S'IMPOSE TOUT DE SUITE

LES AMIS DE LA BASILIQUE

LES ADVERSAIRES DE LA BASILIQUE

CONCLUSION

AU BUREAU

DE L'ŒUVRE DE LA RÉPARATION

SAINT-DIZIER (Haute-Marne)

RÉPARATION

DES BLASPHÈMES ET DE LA PROFANATION DU DIMANCHE

par la Sainte-Face

———

En présence des blasphèmes et des profanations qui désolent les cœurs catholiques et français, pour satisfaire à la Justice divine, que tant d'outrages excitent contre nous, nous appelons l'attention de tous sur l'Archiconfrérie réparatrice, établie à Saint-Dizier (Haute-Marne). Cette œuvre, *la plus belle qui soit sous le ciel,* selon le langage de N.-S. à la sœur Saint-Pierre, a été voulue de Dieu pour faire la réparation demandée à la France par Notre-Dame de la Salette.

Là construction de l'église de la Réparation a été désirée et approuvée par le Souverain Pontife ; elle est placée sous le patronage et l'autorité de Sa Grandeur Mgr l'Evêque de Langres.

MOYENS DE COOPÉRER A LA CONSTRUCTION

DE LA BASILIQUE

I. — Fondateur : Bienfaiteur : Souscripteur.

Un don de 500 francs donne droit au titre de **fondateur**.

Un don de 200 francs donne droit au titre de **bienfaiteur**.

Un don de 100 francs donne droit au titre de **donateur**.

Un don de 50 francs donne droit au titre de **souscripteur**.

Les noms des Fondateurs, des Bienfaiteurs, des Donateurs, des Souscripteurs, seront inscrits à leur rang sur un registre d'honneur.

Du reste, la souscription étant nationale, le comité de l'Œuvre reçoit avec reconnaissance les plus petites offrandes.

II. — Chapelles. — La Basilique aura un certain nombre de Chapelles dont quelques-unes sont désignées d'avance par la piété et les besoins de l'époque : les chapelles de la Sainte-Face, du Sacré-Cœur de Jésus, de Saint Michel, de Saint Louis, de Saint Martin, de Notre-Dame de la Salette, de Sainte Véronique, de Saint Isidore pour les cultivateurs, de Saint Vincent pour les vignerons, de Saint Eloi pour les ouvriers des usines, de Saint Nicolas pour les mariniers, et enfin la chapelle des âmes du Purgatoire.

On peut souscrire pour l'une ou pour plusieurs de ces chapelles.

III. — Annales de la Réparation. — Répandre le plus possible le Bulletin de l'Œuvre, c'est créer des ressources dont l'Œuvre a si besoin. — 1 fr. 50 c. l'abonnement par année.

APPEL

aux Membres de l'Archiconfrérie réparatrice et aux Amis de la Réparation

pour la Construction de la Basilique de la Réparation dans la paroisse de Saint-Martin-de-Lanoue, à Saint-Dizier, Siège de l'Archiconfrérie.

MOTIFS DE CET APPEL:

1° Il convient que l'Archiconfrérie ait une Basilique qui lui soit spécialement consacrée.

2° L'Église de Lanoue menace ruine, les murs de la nef sont lézardés.

3° L'Église actuelle est trop petite pour le nombre des paroissiens, elle ne contient que 700 places pour une population de 3 000 âmes.

Henri Briquet, Libraire-Éditeur à St-Dizier

LA BASILIQUE

DE LA RÉPARATION

A SAINT-DIZIER

Diocèse de Langres (Haute-Marne)

SOMMAIRE

AVANT-PROPOS

ETAT DE LA QUESTION

LA BASILIQUE S'IMPOSE A LA FRANCE CATHOLIQUE

LA BASILIQUE S'IMPOSE AU DIOCÈSE DE LANGRES

LA BASILIQUE S'IMPOSE A LA VILLE DE SAINT-DIZIER

LA BASILIQUE S'IMPOSE TOUT DE SUITE

LES AMIS DE LA BASILIQUE

LES ADVERSAIRES DE LA BASILIQUE

CONCLUSION

AU BUREAU

DE L'ŒUVRE DE LA RÉPARATION

SAINT-DIZIER (Haute-Marne)

LA BASILIQUE DE LA RÉPARATION

A SAINT-DIZIER

Diocèse de Langres (Haute-Marne).

Avant-propos

Sit Nomen Domini benedictum !

Je prie mes lecteurs de donner bon accueil aux pages suivantes sur lesquelles j'appelle leurs méditations.

La cause que je plaide est si importante, si grave, si urgente, que je trouve partout des cœurs disposés à m'entendre.

En effet, la profanation du dimanche et le blasphème sont bien à notre époque le crime national. Or, nous voulons, pour couvrir ce crime, une réparation publique, solennelle, nationale, qui se traduise extérieurement par une basilique splendide où l'œuvre réparatrice voulue par Notre-Seigneur, et la Sainte-Face du Sauveur trouveront un asile convenable.

Cette œuvre divine de la réparation, *qui doit sauver la société*, cette œuvre qui avait enthousiasmé ses trois glorieux fondateurs, Pie IX, Mgr Parisis, M. Pierre Marche, qui suscite encore tant et de si beaux dévouements, cette œuvre, dis-je, n'aurait-elle plus, par elle-même, en dehors de toute autre préoccupation, la vertu de captiver pour toujours les pensées, le cœur et la vie d'un prêtre ?

Credidi, propter quod locutum sum. — J'ai foi en la Réparation, dans la vertu de l'action réparatrice qui calmera la justice divine, nous rendra propice la Providence toute puissante et ramènera parmi nous, avec la gloire de Dieu, le respect des choses saintes et de l'autorité, la paix enfin entre le ciel et la terre ! — Je crois à la nécessité impérieuse de réparer tout de suite pour nous et pour nos compatriotes ! — Je crois à l'urgence d'une réparation spéciale des blasphèmes et des profanations dominicales ! — C'est pourquoi j'ai parlé.

Aussi, chers lecteurs, malgré la multiplicité des œuvres qui vivent des largesses des catholiques, vous me permettrez de compter sur votre généreux concours en faveur d'une œuvre qui, *en raison des circonstances actuelles*, doit tenir le premier rang dans l'ordre de la charité.

P. SERVAIS
Directeur des Annales de la Réparation.

I.

Etat de la question.

Une grande œuvre catholique a son siège sur la paroisse de Lanoue, à Saint-Dizier (*Haute-Marne*)

Cette œuvre est connue sous le nom d'ARCHICONFRÉRIE RÉPARATRICE DES BLASPHÈMES ET DES PROFANATIONS DU DIMANCHE.

Son fondateur, M. Pierre Marche, alors curé de Lanoue, voyant le développement extraordinaire que prenait l'œuvre dans le monde entier, en France surtout, médita d'élever une église digne d'abriter l'Œuvre Réparatrice.

Il se trouvait du reste que l'église paroissiale, trop étroite pour la population, trop éloignée de son centre, menaçait ruine.

M. P. Marche, en fils docile de la Sainte-Eglise, partit pour Rome confier son projet au Souverain Pontife, et demander un conseil qui serait pour lui un ordre.

Le Pape qui avait enrichi l'Association Réparatrice d'indulgences si précieuses et d'une manière si spontanée, écouta avec bienveillance le prêtre zélé qui lui exposait ses desseins avec tant de confiance et de piété. Sa Sainteté l'encouragea à commencer l'entreprise, l'assurant qu'un jour la Basilique de la Réparation deviendrait UN CÉLÈBRE PÈLERINAGE.

De retour en France, M. Marche s'entendit avec la municipalité de la ville, qui désigna l'endroit où devrait être élevée la nouvelle église. Cette place est réservée dans le plan cadastral.

Alors M Marche, avec l'approbation de l'Ordinaire, fit appel à tous les associés de l'Archiconfrérie. S'il était reconnaissant à l'autorité civile de son bienveillant concours, il croyait à la nécessité d'une grande souscription pour donner à l'Œuvre son véritable cachet de réparation nationale.

Les offrandes arrivèrent abondantes et généreuses.

Elles furent englouties, hélas, dans un cataclysme financier.

Le vénéré fondateur en mourut de chagrin. — C'était en 1863 qu'il rendait sa belle âme à Dieu.

Pendant quinze ans, un silence de mort se fit sur l'Œuvre et sur le tombeau du fondateur. L'épreuve semblait avoir glacé d'épouvante les amis de la Réparation.

Cependant, l'Œuvre qui avait apporté avec elle tant d'espérances et soulevé tant d'enthousiasmes, devait-elle disparaître petit à petit et s'éteindre doucement comme une lampe sans huile, pour faire place à d'autres œuvres plus heureuses ?

Cela ne devait pas être : les volontés du ciel étaient trop explicites.

C'est pourquoi les *Annales de la Réparation* furent fondées en 1878.

Quelques mois après leur apparition, le Souverain Pontife et dix-huit princes de l'Eglise les approuvaient et les bénissaient spontanément.

Mais déjà l'Œuvre paraissait comme endormie, et il était bien difficile de rattacher au centre de la Réparation les mille Associations autrefois affiliées et alors plus ou moins vivantes.

Si, dans ce travail pénible, les *Annales* rencontrèrent parfois beaucoup d'indifférence, elles reçurent aussi de nombreux témoignages de chaude sympathie.

Mais, à l'exemple du fondateur, elles crurent à la prophétie du Souverain Pontife. La vie, le développement, l'épanouissement de l'Œuvre leur parurent liés intimement à l'édification de la Basilique Réparatrice.

Avec l'approbation des Supérieurs, pendant les huit années de leur existence, elles rappelèrent l'opinion vers les projets qui avaient si malheureusement échoués, et l'opinion fut docile à cette voix qui redisait les mêmes accents que le fondateur. Elle parla si fort, l'opinion, que le frère de M. Pierre Marche vient de déposer sa timidité, si légitime cependant après la catastrophe dont il avait été le témoin attristé, pour ne plus se souvenir que des nobles destinées promises à l'Archiconfrérie Réparatrice, dont il avait la direction. Le vénérable curé de Lanoue n'a donc pas craint, à 75 ans, de faire un APPEL à tous les catholiques de France et du monde pour donner à la Réparation un temple digne de cette œuvre si opportune, si nécessaire, éminemment divine, éminemment sociale.

Le vénéré fondateur, autrefois si éprouvé, veillera maintenant dans la gloire sur le succès de l'entreprise.

II.

La Basilique s'impose à la France catholique.

L'état de la France catholique est actuellement déplorable.

L'ennemi de Jésus-Christ, de l'Evangile, de l'Eglise dont la France est la fille ainée, a pris, dans notre pays, une puissance qui semble le rendre invincible et qui menace de chasser notre Dieu de tous les cœurs, de tous les foyers, de toutes les écoles, de tous les tribunaux et bientôt de tous les temples.

Le naturalisme prétend remplacer le christianisme.

Les droits de l'homme sont substitués aux droits de Dieu.

La franc-maçonnerie apparaît comme la religion des temps nouveaux.

La rébellion contre Dieu et son Christ tend à s'universaliser et se manifeste principalement *par la violation du deuxième et du troisième commandements de Dieu*.

La France, devenue sectaire, exerce comme une espèce de prosélytisme en faveur du blasphème, la langue de la nouvelle religion. Ce crime national exige une sévère répression, une punition, un terrible châtiment.

Tels sont les signes évidents du mal dans lequel se débat notre infortunée patrie.

Elle en mourra, disons-nous, si le divin médecin ne la guérit bientôt.

*
* *

Or Dieu veut la guérir.

Au mal terrible qui la jette dans les convulsions d'une agonie révolutionnaire, Dieu a donné le remède.

Et voyez avec quelle tendresse il s'est appliqué à la guérison de la grande malade !

Il le révélait, ce remède, à une sainte âme du Carmel, en lui montrant l'*Œuvre Réparatrice des blasphèmes et de la profanation dominicale par la dévotion à la sainte Face du Sauveur*.

Les hommes semblaient sourds à cette voix de l'humble fille de sainte Thérèse : et cependant Dieu était pressé par sa justice infinie d'en finir avec la grande révoltée.

Alors son auguste Mère vient elle-même annoncer aux enfants de la Salette les prochains effets de la justice de Dieu sur la France, si les blasphémateurs et les profanateurs du dimanche ne se convertissent.

Un prêtre éminent, M. Pierre Marche ; un grand évêque, Mgr Parisis, et l'illustre Pie IX, furent fidèles à cette voix et établirent d'un commun accord l'Archiconfrérie Réparatrice.

Tel est le remède divin. Sans lui, sans cette réparation nécessaire, que serait devenue la foi parmi nous ?

*
* *

Mais ce divin remède, apporté du ciel en terre, a-t-il produit *tout le bien* que l'on pouvait en attendre ? — Il ne semble pas.

La faute en est évidemment au malade qui ne s'est pas prêté aux soins de son céleste médecin.

Notre Seigneur voulait la Réparation établie canoniquement dans toutes les villes.

Cette volonté sainte a-t-elle été accomplie ? Non, hélas ! et l'œuvre divine qui doit nous sauver est loin d'être connue de tous les catholiques, même de tous les prêtres. C'est l'infime minorité des catholiques de France qui est au courant des volontés du ciel.

Alors ne nous étonnons plus des progrès du mal et des espérances de l'ennemi.

*
* *

Que faire ?

Pour perpétuer le souvenir d'un grand citoyen, d'un grand évènement dans l'ordre naturel, les hommes dressent une statue, élèvent une colonne, un arc-de-triomphe ; et les générations s'arrêtent en passant devant la statue, pour rappeler le nom de leur glorieux compatriote ; devant la colonne pour redire avec respect le fait d'armes qui a illustré leurs aïeux ; devant l'arc-de-triomphe pour exalter les victoires du génie.

Et ainsi s'entretient le patriotisme.

Les catholiques n'agissent pas autrement dans l'ordre surnaturel.

Le passage de Dieu ou de ses saints est un bienfait tellement signalé qu'ils ne veulent pas le tenir au secret. Le pays tout entier doit en bénéficier : de la présence momentanée du divin au milieu de nous s'exhale toujours en effet une vertu secrète, permanente et capable des plus étonnants prodiges.

Alors ils élèvent ensemble un monument de reconnaissance où l'amour et la générosité savent réunir toutes les merveilles de l'art. Rien n'est trop beau pour rappeler aux générations qui se succèderont le passage de Dieu et de ses saints.

Ainsi ont agi nos pères en élevant la merveille du Mont Saint-Michel.

Ainsi ont agi nos contemporains en élevant les basiliques de la Salette, de Lourdes, de Pontmain.

Ainsi les catholiques de France cherchent-ils en ce moment à réparer l'inconcevable et coupable oubli de nos pères en élevant la Basilique du Sacré Cœur sur les hauteurs de Montmartre.

Qu'ont-ils fait jusqu'alors pour témoigner ostensiblement à Dieu leur reconnaissance du remède divin qu'il était venu, dans sa miséricorde, apporter à la France coupable ? — Presque rien.

Il y a eu un petit effort qui s'est arrêté aussitôt que le cœur du vénéré fondateur de l'Archiconfrérie a cessé de battre.

C'est pourquoi le divin remède n'est pas connu, parce que rien n'indique sa présence sur la terre de France, à qui Dieu cependant l'avait donné.

C'est pourquoi la Réparation n'est point arrivée à la connaissance de la grande foule, parce que le phare qui devait briller et guider les masses n'est pas allumé.

C'est pourquoi les Confréries réparatrices né sont pas établies dans toutes les villes et dans la grande majorité des paroisses, selon la volonté de Notre Seigneur, parce que les âmes chrétiennes qui demandent et veulent le triomphe de la religion, ne voient pas, en consultant l'horizon, l'instrument de la victoire.

C'est pourquoi les blasphémateurs et les profanateurs triomphent, tandis que notre Dieu est insulté, la religion bafouée et la croix traînée dans la boue.

Alors pour fixer de nouveau et plus particulièrement l'attention des générations présentes et futures sur le grand bienfait de Dieu en faveur de la France actuelle, élevons tous ensemble une Basilique digne de la grande œuvre qu'elle abritera.

En même temps qu'elle sera un *ex-voto* de la gratitude des catholiques français, cette Basilique sera l'*Amende honorable*, publique, nationale de notre piété réparatrice.

Fut-il jamais œuvre plus patriotique, puisque son exécution

et son succès doivent montrer à la France malade le divin remède qui doit la guérir, et attirer sur ses plaies les ineffables miséricordes de notre Dieu apaisé.

Catholiques français, apportez votre pierre à la Basilique Réparatrice !

III.

La Basilique s'impose au diocèse de Langres.

Si la bonne Providence dont les secrets sont toujours impénétrables a placé dans le diocèse de Langres *la plus belle œuvre qui oit sous le soleil*, selon le langage de Notre Seigneur à la Sœur Saint-Pierre, il faut en conclure que nous devons correspondre aux vues de cette divine Providence, faire fructifier le précieux talent qu'elle nous a confié, et manifester à tous le remède qui doit guérir.

Noblesse oblige.

Ce n'est pas sans regret que l'archidiocèse de Tours voit le centre de la Réparation établi dans le diocèse de Langres. Ecoutez ces paroles de l'historien de la Sœur Marie de Saint-Pierre.

« Le but poursuivi par Marie de Saint-Pierre était donc atteint dans son ensemble ; tout ce qu'elle pouvait regretter, c'était que l'association ne fût pas établie à Tours, et que la seconde paroisse d'une petite ville (Saint-Dizier), dans un diocèse éloigné (Langres eût ce glorieux privilège d'être le centre d'unité pour une œuvre appelée à s'étendre sur toute la France. »

Ce regret est toujours vivement senti à Tours.

Langres, de son côté, a-t-elle pour le don de Dieu toute l'attention, toute l'affection, tout le dévouement qu'il mérite ? — Nous le croyons.

* *

Toutefois quand nous voulons attirer l'attention des hommes sur l'arche de salut des temps modernes, ils nous répondent, en jetant sur elle des yeux distraits :

« Si l'Arche sainte est au milieu de vous, où donc est le » temple qui l'abrite ?.... Pour recevoir l'Arche d'alliance, » David et Salomon ont bâti un temple d'une richesse et d'une » beauté merveilleuses, où montaient les tribus d'Israël.....

Vous voulez glorifier Dieu, arrêter le peuple dans ce mou-
» vement de recul qui le pousse vers l'abîme ; vous voulez le
» ramener à l'observation du saint Jour, montrez-lui donc le
» monument de votre foi, afin qu'il s'arrête devant lui, qu'il
» se recueille là, devant cette Basilique, au souvenir de la foi
» de sa jeunesse, et qu'il revienne ainsi au Dieu de son enfance,
» au Dieu qui a toujours aimé les Francs ! »

Ces reproches sont justes et nous condamnent.

Il est temps que le diocèse de Langres, heureux et fier du
dépôt qui lui a été confié, lui édifie un splendide reliquaire
devant lequel viendront se prosterner les générations qui le
cherchent et qui l'attendent.

*
* *

Du reste, la parole de nos évêques est engagée et le diocèse
de Langres doit la tenir pour sacrée.

Comment ne pas rappeler ici le souvenir de notre grand
évêque, Mgr Parisis ? – Avec sa foi vive et son coup d'œil pro-
fond, il avait saisi de suite l'honneur et la gloire qui allaient
rejaillir sur son diocèse en donnant asile à l'Œuvre de la Réparation et en couvrant de ce manteau royal l'Association fondée
par un de ses curés. Sa parole ardente, ses mandements qui
seront à jamais les fondements glorieux et inébranlables sur
lesquels l'Association fut établie, donnèrent de l'éclat à l'Archiconfrérie naissante. Il quitta Langres trop tôt, hélas! pour
l'Œuvre et pour son fondateur.

Mais Mgr Guérin donna son approbation au projet conçu par
le zélé directeur de l'Œuvre. De concert avec lui et avec les
bénédictions de Pie IX, la Basilique allait s'édifier, quand une
catastrophe financière vint retarder les espérances du diocèse
et hâter la mort de M. Pierre Marche.

Quinze ans s'étaient écoulés depuis cette mort imprévue.

Mgr Bouange venait de s'asseoir sur le siège de Langres.

Le prélat faisait sa première visite à la paroisse de Lanoue.
Dans le discours qu'il adressa aux paroissiens de Lanoue
réunis en foule innombrable autour de Sa Grandeur,
Mgr Bouange parla avec enthousiasme de la Basilique qu'il
rêvait pour l'Œuvre. Il la voyait *parée de pierres précieuses et
toute couverte de lames d'or.* — A chacune de ses visites à
Saint-Dizier, il parlait spontanément et avec effusion de la
future Basilique. — A son dernier passage dans notre ville, il

disait à M. le Curé de Lanoue : « Nous sommes vieux, mon cher curé; cela ne fait rien, les deux vieux bâtiront la Basilique! Je serais si heureux d'en bénir la première pierre ! »

Mgr Larue partage les sentiments de son prédécesseur et Sa Grandeur veut que la Basilique réparatrice soit digne de Montmartre. En public et en particulier, le prélat est heureux de manifester ses sentiments à ce sujet : le dévouement de Sa Grandeur est pleinement acquis à l'Œuvre de la Basilique.

* *

Eh bien ! puisque les quatre évêques qui ont gouverné l'Eglise de Langres depuis l'établissement de l'Œuvre réparatrice ont désiré, voulu un monument splendide, témoignage de leur foi et de leur espérance dans les promesses divines, le diocèse de Langres tout entier doit le vouloir avec eux. Un élan unanime doit nous emporter tous vers la Réparation ; là est le salut.

Les plus belles pierres de la Basilique doivent être apportées par les fidèles du diocèse de Langres.

Noblesse oblige, ne l'oublions pas.

IV

La Basilique s'impose à la ville de Saint-Dizier

L'Œuvre réparatrice des blasphèmes et des profanations dominicales par la Sainte-Face a été donnée à la France par Notre-Seigneur lui-même pour la sauver.

Pour la France, notre mère, il n'y a pas de diocèse éloigné. La France est en Champagne comme en Touraine, à Saint-Dizier comme à Tours. L'âme de la patrie est partout à la fois.

Saint-Dizier n'est pas une grande ville, c'est vrai; c'est justement à cause de cela que nous distinguons plus facilement l'action providentielle de notre Dieu. La Galilée était une petite province et Nazareth une ville peu renommée: et cependant le salut de Dieu s'est opéré dans ce milieu qui paraissait si peu illustre!

Est-ce que le Sauveur, pour communiquer ses secrets et ses promesses de salut, à la France de notre époque, a choisi un personnage en vue et d'éclatant renom? Point. Il a jeté ses regards sur une pauvre petite religieuse du Carmel.

Est-il étonnant qu'il ait réservé à la ville de Saint-Dizier le gage de sa miséricordieuse intervention en faveur de notre pays ?

*
* *

Du reste on pourrait donner, il semble, quelques raisons de ce choix providentiel. Saint-Dizier est par excellence la cité industrielle de la région de l'Est, ayant des communications faciles avec l'Allemagne, la Belgique et la Suisse, où elle peut envoyer rapidement l'écho de la grande nouvelle réparatrice.— Et par le fait même qu'elle était un centre d'ateliers, d'usines et de forges, le dimanche était plus généralement profané, le blasphème plus universellement connu. Les vignerons eux-mêmes ne savaient plus respecter le saint jour du dimanche.

C'est bien ici, n'est-ce pas, qu'il faut déployer l'étendard de la Réparation, annoncer la bonne nouvelle, faire respecter les droits de Dieu et ramener le peuple aux pieds des saints autels !

Dieu n'y manque pas.

*
* *

Un prêtre éminent qui gémissait en secret et en public sur les scandales que je viens de rappeler, après avoir médité les enseignements de Tours et de la Salette, établissait en 1847, pour le bien des âmes qui lui étaient confiées, une association réparatrice paroissiale. C'était l'étincelle qui devait allumer un grand incendie.

Sur cet humble prêtre dont le cœur était sans cesse tourmenté, à la vue des blasphémateurs et des profanateurs qui méprisaient un Dieu si bon et si aimable, qui appelait à lui les âmes généreuses de sa paroisse pour glorifier le Nom ado rable d'un si bon Maître et pour se presser dans les églises et répandre là leurs âmes humiliées et anéanties en réparation des profanations dominicales, Dieu avait jeté des regards de tendresse ; et par la voix de ses Pontifes, il allait le placer tout à coup sur le chandelier et l'élever au grand apostolat de la Réparation en France et dans le monde entier

Bons habitants de Saint-Dizier, arrêtez-vous, nous vous en conjurons, devant cette noble figure du vénéré M. Pierre Marche, curé de Lanoue, qui a pris sur lui toutes les iniquités de la ville et qui s'est offert en victime réparatrice de tous vos blasphèmes et de toutes vos profanations, les deux crimes qui offensent davantage la Majesté de notre Dieu et qui attirent spécialement sur les hommes les éclats de la divinité outragée.

Cet apôtre vivra assez longtemps pour accomplir les desseins de Dieu et pour jeter sur tous les coins de la France et du monde catholique les flammes de la réparation : mais il mourra, comme la généralité des apôtres, sous le pressoir des grandes épreuves et des grandes douleurs. Oui, M. P. Marche a été méconnu, méprisé, écrasé, broyé, moulu ! C'est dans l'ordre de la Providence : l'instrument doit disparaître, Dieu seul doit être manifesté Mais en tombant si vite et à la force de l'âge, il laissait après lui l'établissement de l'œuvre principale des temps modernes, de l'œuvre dont le chef suprême de l'Eglise a dit : « qu'*elle était destinée à sauver la société.* »

Voilà ce prêtre qui sera à jamais une des plus pures gloires de Saint-Dizier.

*
* *

La ville industrielle a donc hérité, à la mort de M. Marche, du privilége insigne d'être le siége de l'œuvre réparatrice

Fort de la parole et des encouragements du Pape et de son évêque, M. Marche voulait élever une Basilique digne de la grande œuvre. Les circonstances ne lui ont pas permis de réaliser ce projet.

Puisque vous avez la relique, vous du moins ses héritiers, faites donc le reliquaire !

Acceptez ce noble héritage que la grande âme de M. P. Marche vous légua.

Soyez heureux d'être les premiers à l'œuvre et d'apporter les premières et les plus belles pierres de la Basilique. C'est justice !

Vous vous honorerez en honorant la mémoire du prêtre illustre qui a porté le nom de votre ville jusqu'aux extrémités du monde connu.

*
* *

Du reste, en exécutant ses dernières volontés, ne voyez-vous pas que vous travaillerez efficacement à la gloire de votre cité? Quand la splendide Basilique élèvera sa nef majestueuse au milieu du faubourg Lanoue, quand ses tours élancées et gracieuses porteront dans les airs la croix réparatrice, comme un paratonnerre contre la foudre vengeresse, votre âme transportée d'une sainte et noble fierté, contemplera dans la joie ce monument qui vous manque. Vos fils et vos petits-fils diront à la suite des temps : Cette chapelle est le don de notre famille ! Ce pilier est dû à la munificence des miens ! Cette pierre est le don de ma mère ! Quels précieux souvenirs à laisser dans les papiers de famille !

Puis, quand vous verrez les grands pèlerinages de pénitence et de réparation accourir de partout dans vos murs, prier et gémir sous les voûtes tapissées d'oriflammes de votre insigne Basilique, alors vous louerez Dieu du don ineffable qu'il a fait à votre cité ; vous vous applaudirez d'avoir secondé et couronné les efforts de ceux qui veulent votre bien et qui travaillent avec tant de persévérance au salut de la France par la Réparation et à la gloire de votre ville par la Basilique réparatrice.

.*.

C'est le faubourg Lanoue, direz-vous, qui doit faire preuve de sa générosité, puisque le Pape lui a confié spécialement le dépôt de l'œuvre divine !

Soit ! Les paroissiens de Lanoue le comprennent d'autant mieux qu'ils ressemblent aux fidèles de toutes les paroisses et qu'ils veulent — peut-on les en blâmer ? — le clocher au milieu du village. Ils seront donc généreux ; ils sont en train déjà de le prouver.

Mais Lanoue fait partie de Saint-Dizier : on ne peut séparer ce qui est uni. Tous les habitants de la ville sont solidaires : la gloire de Lanoue doit être la gloire de Saint-Dizier.

Donc tous, tous sans exception, apporteront ici leur généreux concours.

V.

La Basilique s'impose tout de suite.

Assez longtemps le grain a été déposé dans le sein de la terre ; il faut qu'il germe !

Le Pape doit enfin avoir raison ; les pèlerinages de réparation ont les yeux fixés sur nous ; ils attendent un signe pour s'ébranler en masse et protester contre les blasphèmes et les profanations dominicales.

Quand l'ennemi passe la frontière et menace l'existence de la patrie, hésite-t-on à courir aux armes ? — Quand l'océan terrible dresse ses flots écumants contre la barque en danger, est-ce que le sauveteur ne lutte pas avec courage contre les vagues en courroux, dans l'espérance d'arracher des vies précieuses à leur fureur ? — Quand la maison brûle, quand l'incendie promène ses ravages, refuse-t-on de porter secours aussitôt aux malheureux que les flammes vont entourer et réduire en cendres ?

Eh bien ! l'ennemi est chez nous ; il attaque violemment Dieu, la religion, la famille et la propriété. Il menace de tout renverser et de piétiner sur le bon sens, sur les traditions les plus respectables et sur la foi du peuple français ! L'ennemi, c'est l'impie, c'est le blasphémateur, c'est le profanateur qui ont mis la France en danger. Un peuple qui blasphème, un peuple qui méprise le saint jour réservé au culte dû à la Divinité, tarit dans son sein la source des nobles sentiments, des grandes pensées, des résolutions généreuses, de la sainte liberté ! Il est prêt pour toutes les servitudes ! Il acclame ceux-là même qui l'enchaînent ! N'est-ce pas ce que nous voyons déjà ?

Alors Dieu suspend sa colère au-dessus de la nation, comme un immense orage dont les grondements avant - coureurs sont : le matérialisme, le naturalisme d'où est sortie l'indifférence des choses qui concernent l'âme, qui sont du domaine de l'inspiration. Puis avec l'amour de l'idéal, de Dieu, amour. qui languit, que l'on conteste, que l'on nie, s'éteignent le patriotisme et l'esprit de famille : en un mot, la morale et l'état social sont menacés. ... Déjà l'athéisme, la libre-pensée, le communisme projettent des éclairs sinistres sur le sombre horizon...... Un coup de tonnerre va-t-il crever le nuage et déchaîner sur la France le socialisme et ses ruines ?

La nation frémit, les honnêtes gens se sentent troublés et se réfugient dans le recueillement, comme on ferme sa maison devant la tourmente qu'une atmosphère suffocante annonce fatalement.

La prière, la pénitence, la réparation sont les seuls moyens qui pourront nous sauver... Il est temps encore !

Ah ! pauvre France, ne sois pas sourde aux menaces de Dieu outragé !

En présence de la haine qui soulève les masses profondes de nos compatriotes contre Dieu, contre l'autorité de l'Eglise et de la famille, élevons bien vite le *monument de notre amour* pour le Dieu qui aime les Francs ! Ce monument sera *l'amende honorable, solennelle, publique, extérieure, durable* de notre piété réparatrice. Alors, devant cette profession de foi de ses droits trop longtemps méconnus et outragés, Dieu aura pitié de nous : « *Quand je prononcerai des maux contre une nation, si cette nation fait pénitence,* AUSSITÔT *je changerai mes paroles en paroles de paix.* » *Jérém* XVIII, 7, 9.

En face de l'athéisme arrogant qui promène partout sa torche incendiaire, dressons le rempart de la Basilique réparatrice. Cette protestation nationale, à la fin de ce siècle qui touche à son déclin, aura parmi nous la même vertu, contre le blasphème triomphant, que la protestation de l'Archange saint Michel contre les folles prétentions de l'orgueilleux Lucifer.

Mais faisons vite, pendant qu'il est temps encore. Si nous ne parvenons pas, par cet effort spontané, immédiat, national, à arrêter le peuple sur la pente vertigineuse où il roule loin de Dieu et du dimanche, nous devrons prendre bientôt le deuil de la foi catholique en France. L'indifférence, l'hésitation, les remises à plus tard, ne le sentez-vous pas, feraient peser sur nous d'immenses responsabilités.

****

La municipalité de la ville de Saint-Dizier est très bien disposée en faveur de l'entreprise qui placerait au centre de la paroisse de Lanoue une église qu'elle réclame depuis longtemps et dont l'absence force un certain nombre de fidèles à suivre les exercices du culte dans l'église Notre-Dame.

On peut donc compter certainement sur le concours bienveillant et effectif de M. le Maire de la ville et de MM. les Conseillers municipaux, dont la haute intelligence a entrevu de suite tout ce qu'il y avait, dans ce projet, d'avantageux et de glorieux pour la cité.

****

Une souscription nationale est ouverte dans les *Annales de la Réparation*.

Des CARTES *dites* DE LA RÉPARATION circulent dans bon nombre de localités, par les soins de personnes zélées et dévouées à l'Œuvre ; et elles nous reviennent à chaque instant bien couvertes et bien remplies.

****

Grande est l'entreprise, nous le savons ; mais plus grandes sont les espérances que nous avons conçues dans le succès pour le bien de notre pays ! Notre foi est inébranlable, en raison même de la nécessité urgente de l'œuvre : c'est pourquoi nous nous reposons en toute sécurité sur le secours de Dieu qui ne fait jamais défaut à ceux qui se confient à Lui. — Déjà les nombreuses souscriptions et les chaleureux encouragements qui nous arrivent de toutes les provinces de France nous prouvent que nous faisons la volonté de Dieu.

Or, si Dieu est pour nous, qui oserait se déclarer contre nous ?

* *

Le public attend donc avec impatience la bénédiction et la pose de la première pierre de la Basilique.

Ah ! au jour de cette bénédiction et de ce travail tant désiré, les doutes accumulés dans certains esprits par l'insuccès d'autrefois tomberont d'eux-mêmes, et les hésitants qui ont secoué la tête sur les efforts de la première heure viendront à nous avec un généreux dévouement. — Pourrait-il en être autrement ?

C'est pour Dieu et pour la Patrie en péril que nous travaillons.

VI.

Les amis de la Basilique.

L'entreprise, dont nous venons d'entretenir nos lecteurs, a-t-elle la chance de pouvoir compter sur le dévouement de nombreux amis ? — Nous le croyons.

Nous sommes en droit déjà de rappeler ici la sympathie générale que notre projet a rencontrée dans la ville de Saint-Dizier. Cette sympathie, qui se traduit en paroles et en actes, a été pour nous un puissant encouragement.

D'autre part, les offrandes qui nous arrivent de partout sont pour nous la preuve évidente que la question est mûre et que les donateurs pensent absolument comme nous. Du reste, les lettres qui accompagnent les envois ne nous laissent aucun doute à ce sujet.

Mais nous voulons préciser.

* *

Parmi les amis de la Basilique Réparatrice, nous plaçons au premier rang tous les membres du clergé. Les ecclésiastiques ne sont pas riches en général ; ils savent néanmoins se priver parfois du nécessaire en faveur de bonnes œuvres. Nous en sommes journellement les témoins reconnaissants. Or, parmi les bonnes œuvres dont ils ont la charge et la responsabilité, ils sauront donner une place d'honneur à l'Œuvre de la Basilique Réparatrice, aussitôt qu'ils la connaîtront. Et pourquoi ?

Parce que ils trouveront ici le moyen de réparer les blasphèmes et les profanations dominicales dont ils sont si souvent les témoins découragés. Qui pourrait raconter les angoisses dont ils sont torturés, chaque dimanche, à la vue de leurs trop nombreux paroissiens, partant à la campagne, ou aux plaisirs, ou au travail, quand les cloches joyeuses annoncent au peuple chrétien que le jour de Dieu et de la sainte liberté est arrivé ? Si, dans son église splendidement décorée ou pauvrement parée, vous surprenez sur ses traits la tristesse et la peine ; si, sur ses lèvres tremblantes, vous entendez retentir des paroles de poignante douleur, c'est qu'il a jeté un regard scrutateur dans la maison de Dieu ; c'est qu'il a compté les absents ; c'est que le Dieu si bon, si puissant, que nous devons servir en ce jour, a été méprisé par ses propres enfants ; c'est qu'il redoute pour maintenant et pour plus tard le passage de la justice de Dieu sur telle ou telle famille, sur sa paroisse, sur son pays !

Et vous pourriez croire qu'il resterait indifférent en présence d'une œuvre qui a pour but d'appeler toutes les âmes fidèles à la réparation, en présence d'une œuvre qui veut élever sur le sol de la patrie un monument de réparation solennelle, en présence d'une œuvre enfin qui veut attirer l'attention du peuple sur le crime national et le ramener ainsi en présence de Dieu et des saints autels? Oh! non, mille fois non ! le prêtre nous sera toujours dévoué ; il nous donnera son obole qui criera miséricorde pour les siens ; il prêchera lui-même la sainte croisade à laquelle nous convions la France catholique !

* *

Avec les membres du clergé, tous les fidèles seront évidemment dévoués à cette OEuvre. Pour gagner leur assentiment et leur cœur, elle n'a besoin que d'être connue.

Un courant venu du ciel emporte les âmes, à cette heure, vers la réparation en général et vers la réparation des blasphèmes et des profanations dominicales en particulier.

Pour diminuer et anéantir si possible la foi du peuple, l'ennemi l'a détourné de l'église. Il veut faire de nous un peuple révolutionnaire et athée. Le seul moyen vraiment pratique pour arriver à ce but infernal, était de faire profaner le saint jour du dimanche. Sans rien prévoir, sans soupçonner les perturbations et les ruines que cet état de choses devait amener au milieu de nous, le peuple a cru ses pires ennemis : il a déserté l'église et il a méprisé son Dieu. La France est donc coupable. C'est pourquoi la réparation est aujourd'hui si bien comprise.

Eh bien ! tous les fidèles seront heureux d'apporter leur petite pierre au monument expiatoire que nous voulons élever au siège même de l'Archiconfrérie Réparatrice.

.*.

Dans les rangs des fidèles qui sont amis de l'OEuvre, nous distinguons avec bonheur les associés de l'Archiconfrérie Réparatrice et toutes les personnes qui ont un culte spécial pour l'Auguste Face de notre Sauveur. Le culte de la sainte Face est la dévotion spéciale des âmes réparatrices des blasphèmes et des profanations du dimanche Telle est la volonté de Dieu, bien manifeste et bien reconnue par l'Eglise.

La croix, symbole du martyre de Jésus, le Sacré-Cœur qui représente sa bonté pour nous, et la sainte Face qui est le miroir de l'âme déchirée du Sauveur, constituent les éléments indivisibles de la sainte trilogie de la Rédemption. Or, tandis qu'à Montmartre on invoquera l'amour de Notre Seigneur, à Saint-Dizier on adoucira ses plaies sacrées rouvertes par les blasphèmes.

Donc tous nos associés et toutes les personnes vouées au culte de la sainte Face ne laisseront échapper aucune occasion d'envoyer leurs offrandes pour activer la construction de cette Basilique tant désirée, de ce phare des pèlerins de la Réparation.

.*.

Pourrions-nous oublier l'OEuvre Dominicale de France dont M. L. de Cissey est l'apôtre infatigable ? L'espoir que nous avons conçu dans la générosité de ses membres si actifs et si dévoués serait-il chimérique ? Nous ne le croyons pas. Ils ont des pensées trop nobles et un dévouement trop catholique pour les soupçonner d'indifférence vis-à-vis de l'OEuvre de la Basilique Réparatrice. Il s'agit en effet de manifester solennellement notre respect pour le SAINT NOM DU BON DIEU, de témoigner publiquement et d'une manière persévérante NOTRE FOI AU DIMANCHE CATHOLIQUE, d'élever enfin une Basilique, AMENDE HONORABLE de tant de profanations qui scandalisent les générations présentes.

Donc tous les membres de l'OEuvre Dominicale de France seront avec nous.

.*.

Enfin les riches et les pauvres seront les amis de la Basilique.

Les riches viendront à nous avec leurs trésors pour hâter la construction du monument qui doit ramener le respect de Dieu au milieu de nous. Ils feront là une œuvre sainte et patriotique. » Car où Dieu ne règne plus en Maître, c'est le désordre qui s'impose. N'est-ce pas l'état de la société actuelle ? — Où Dieu règne au contraire et reçoit tous les respects, c'est la paix et la sécurité publique.

Les pauvres et les ouvriers viendront à nous avec leur obole donnée sans regret pour la Basilique qui doit proclamer les droits de Dieu et les droits de l'homme à la liberté du dimanche. Où Dieu règne, l'ouvrier se repose, le dimanche ; où il a cessé d'être adoré et respecté, l'ouvrier va servilement au travail, en ce saint jour.

Les pauvres auront été les premiers à la peine ; les fondements de la Basilique seront creusés à l'aide de leurs deniers, et arrosés de leurs sueurs. Cette pensée nous réjouit ; car où les pauvres donnent, la victoire est gagnée : ils sont les amis du bon Dieu !

Sur le chemin tracé par les sacrifices des pauvres, s'avancera bientôt la foule des riches.

Tenons bien haut le drapeau de la Réparation ! Sous ses plis qui cachent la fortune de la France, c'est-à-dire l'Auguste Face du Sauveur, se presseront bien vite riches et pauvres, tous appelés, selon leurs moyens, à glorifier le seul Seigneur et Maître, l'infiniment riche et le pauvre par excellence, Jésus notre Dieu.

VII.

Les adversaires de la Basilique Réparatrice.

Ces mots, *les adversaires de la Basilique*, sont bien lourds sur notre plume. Il en coûte en effet aux âmes convaincues de rencontrer des esprits qui doutent, qui sourient de leurs croyances et qui combattent plus ou moins ouvertement leur apostolat.

Si l'OEuvre qui porte avec elle le salut de la patrie — c'est notre foi — et dont ces pages ont pour but d'entretenir nos lecteurs, a des ennemis redoutables et déclarés, nous avouons ne pas les connaître.

Les embûches du démon ne lui manqueront pas, c'est certain. L'ennemi de tout bien se croit trop près du triomphe pour ne pas détester l'Œuvre qui se propose de ramener les peuples au culte de Dieu et d'élever le monument commémoratif des droits divins proclamés sur la société moderne. Il est habile et rusé : il sèmera la défiance et le découragement ; il grossira les difficultés, suscitera des antipathies, excitera l'amour-propre et donnera mille raisons spécieuses de rester dans le *statu quo*.

Cet adversaire, cet ennemi plutôt, est d'autant plus à craindre qu'il ne lutte jamais à visage découvert : l'ange des ténèbres se transforme en ange de lumière. Il présente ses arguments sous la forme de conseils qui veulent le bien. Nous connaissons cet ennemi et sa manière de combattre, nous marcherons à travers ses embûches, sans nous laisser prendre ; car nous savons un moyen infaillible de déjouer ses complots ; c'est la prière qui donne la persévérance et l'humilité qui donne la confiance.

**

Nous avons devant nous la grande masse des indifférents que les préoccupations du bien-être et du confortable retiennent dans un terre-à-terre désespérant. A Jésus qui annonçait qu'il était venu sur la terre pour rendre témoignage à la vérité, Pilate répondait : Qu'est-ce que cela, la vérité ?

A ceux d'entre nous qui diront : « *Pour la Basilique réparatrice, s'il vous plaît,* » les indifférents répondront : « Nous ne connaissons pas cela ! » et ils continueront à s'amuser sur un volcan et sous un ciel chargé de tonnerres et d'éclairs.

Leur indifférence nous effraie ; c'est pourquoi nous leur répèterons souvent, parce que nous voulons les sauver malgré eux : *Pour la Basilique réparatrice, s'il vous plaît* !

**

A côté des indifférents, nous trouverons les catholiques intéressés et timides qui serreront les cordons de leur bourse quand il faudrait les délier.

De toute part, à cette heure, des cris de détresse sont poussés vers les opulents et les généreux, et il ne se peut dire combien d'églises attendent les oboles de la charité. O riches, pensez-y ! Une seule de vos fêtes édifierait au Sauveur Jésus un autel où le sacrifice expiatoire, offert chaque jour, attirerait sur vous des grâces mille fois plus désirables que toutes les jouissances du siècle ! O femmes chrétiennes, que le baptême a rachetées, et dont les folles parures rappellent les erreurs de Rome païenne, le prix de vos diamants élèverait un temple à Dieu, et vous allez peut-être froisser sans le lire l'appel d'un pauvre prêtre qui a osé compter sur un bon mouvement de votre cœur !

Comment donner, dites-vous? Les dépenses quotidiennes sont si élevées ! Tout coûte si cher !

Ces excuses-là pèseront-elles un iota dans la balance divine ? O femmes chrétiennes, si vous saviez quelle grâce est cachée sous ces requêtes de la charité ! *Si scires donum Dei* ! Songez à acquitter de cette manière vos dettes envers Dieu !

Et ne dites pas : « Encore ! ... J'ai déjà donné ! .... Les demandes sont continuelles !... . »

Vos appétits à vous ne sont-ils point incessants, et votre ameublement, vos toilettes ne sont-ils pas constamment renouvelés ? La balance du mal se remplit si vite ! jetons nos bonnes actions dans la balance du bien ; donnons, donnons, donnons !

N'est-ce pas une gloire pour nous que de travailler à vous édifier des demeures en ce monde, Seigneur ? Que serait la terre sans vous ? Et si notre ingratitude et nos blasphèmes vous contraignaient à nous abandonner, Seigneur Jésus, quel ne serait pas notre malheur !

La vie est si courte, nous allons à l'éternité ; y arriverons-nous les mains vides ! Oh ! quelle allégresse si le Sauveur nous accueillait par ces paroles: « Je te reconnais, chère âme ! C'est toi qui m'a donné asile sur la terre ; entre maintenant dans la maison de mon Père, pour y être heureux à jamais. »

Mais à quoi pensent-ils, ajoutez-vous, de vouloir élever une Basilique en ces temps si mauvais, à la veille peut-être d'une séparation violente de l'Eglise et de l'Etat, qui nous mettra dans l'obligation de nourrir nos prêtres et de subvenir à tous les besoins du culte ? *Ut quid perditio hœc !*

C'est parce que l'orage est menaçant que nous voulons dresser le paratonnerre. Cet acte de foi et de réparation que nous demandons à la France de produire le plus tôt possible, dissipera les nuages et ouvrira, dans le ciel chargé de tempêtes, une porte à la miséricorde de Dieu. Que craignez-vous, hommes de peu de foi ? Ignorez-vous la puissance d'un acte de foi généreuse sur le cours des événements ?

*
* *

Après l'exposé que nous venons de faire dans ces pages, exposé qui place l'Œuvre de la Basilique réparatrice bien au-dessus des petites préoccupations locales, il n'est pas besoin, il semble, de prévoir les attaques d'adversaires que l'on veut ignorer. A chaque jour suffit sa peine. Si des difficultés aujourd'hui seulement soupçonnées, devaient se produire un peu plus tôt, un peu plus tard, au grand jour, il est probable qu'une voix s'élèverait pour crier : gare ! et pour déjouer les calculs de ces nouveaux adversaires.

En attendant, nous supplions les personnes de bonne foi qui nous liront, de nous suivre sur le terrain supérieur où nous avons élevé la question de l'*Œuvre de la Basilique Réparatrice*. Toutes les difficultés de personnes et de clochers doivent disparaître devant un intérêt si majeur ; et nul n'a le droit, sans encourir une terrible responsabilité devant Dieu, et devant le pays, de tenir en souffrance les intérêts de la ville de Saint-Dizier, de notre diocèse, de la France et de Dieu, sous prétexte de soutenir des intérêts de moindre valeur.

VIII

Conclusion

Si nous avons été assez heureux de faire passer nos convictions dans le cœur et l'esprit de nos lecteurs, le mouvement déjà si prononcé de notre SOUSCRIPTION NATIONALE va s'accentuer davantage.

Aucun temps ne fut plus opportun pour mener à bonne fin cette Basilique, objet de tous nos vœux.

Le dimanche profané et| le blasphème éhonté ont mis simultanément la religion, le patriotisme et le bon sens en péril. Nous en sommes tous persuadés : la faiblesse des uns, l'arrogance des autres, le désarroi de tous se dressent là devant nous comme les témoignages irrécusables de l'état social de notre France.

Les catholiques essaient de se concentrer pour opposer une sérieuse résistance au torrent qui nous entraîne. C'est bien.

Mais il n'y a qu'un terrain solide où ils seront réellement redoutables à l'ennemi de Dieu et de la France; c'est le dimanche sanctifié.

Avec la sanctification du saint jour, le peuple retrouvera le bon sens, la liberté, le bonheur en famille, la santé et la paix.

Avec la sanctification du dimanche, le peuple ne prêtera plus attention aux discours des charlatans et des forcenés qui l'exaspèrent contre Dieu, la religion, la propriété.

Avec la sanctification du dimanche, l'ère des révolutions sera fermée.

Hommes de peu de foi, crierons-nous alors aux honnêtes gens de notre pays, apportez donc votre pierre au monument qui doit proclamer devant la France entière les bienfaits du dimanche et les regrets de tout un peuple de les avoir trop longtemps méconnus!

Qui pourrait nier l'influence morale de cette construction de la Basilique Réparatrice sur le peuple attentif aux efforts que nous tentons ?

L'attention produira la conviction : la conviction le déterminera à la pratique. Avec la pratique du dimanche sanctifié, le peuple redeviendra le bon peuple français d'autrefois.

Donc *surgamus et œdificemus*, levons-nous et bâtissons ce monument réparateur !

Pour commencer, les hommes de foi qui élèvent la Basilique du Sacré-Cœur de Montmartre, ont-ils attendu les seize millions dont ils ont déjà disposé ? Ont-ils été ébranlés par les doutes des indifférents, les sarcasmes des voltairiens, les menaces des sectaires ?

La Basilique s'élève tous les jours ; son ombre bienfaisante s'étend déjà sur Paris et sur la France : le Sacré-Cœur triomphe.

A leur exemple *surgamus et œdificemus*, levons-nous et édifions la Basilique Réparatrice !

Bientôt, oh ! oui, bientôt, ses voûtes retentiront des cantiques des pèlerins et des louanges divines que les foules innombrables feront monter de leurs cœurs réjouis jusqu'au trône de Dieu : *Et omnes in templo ejus dicent gloriam. Amen.*

Fiat ! fiat ! Qu'il en soit ainsi !

Bar. — Imp. V⁰ Numa Rolin, Chuquet et Cⁱᵉ.

129

IV. — Croix et images de la Réparation. — Pour gagner les Indulgences, les associés doivent porter la Croix de l'Archiconfrérie. — D'autre part l'Œuvre dispose d'un certain nombre de belles images de la Réparation dont la vente se fait au profit de la Basilique. Les zélatrices et les zélateurs qui en écouleront pour une somme de 50 francs auront droit à un diplôme et à l'inscription sur le registre d'honneur.

V. — Les cartes de la Réparation. — Deux cartes sont divisées en cent petits ronds. On pointe à mesure autant de ronds qu'on donne ou qu'on reçoit de dix ou de vingt-cinq centimes. Lorsque les cartes sont toutes pointées, on a une somme de 10 ou de 25 francs qui donne droit à un diplôme et à l'inscription sur le registre d'honneur.

VI — Dons en nature. — L'Œuvre accueillera avec plaisir tous les bijoux et pierres précieuses qui lui seront envoyés. De même le bureau de l'Œuvre vendra au profit de la Basilique tous les livres, tableaux, et ce dont on voudra lui faire l'abandon.

VII. — Appel aux confréries affiliées. — Nous proposons aux directeurs des Confréries réparatrices affiliées à Saint-Dizier — elles sont actuellement au nombre de 1,786 — d'appeler leurs associés à concourir à l'œuvre commune par une offrande quelconque qu'ils s'engageront à verser entre les mains de M. le Directeur, à une époque déterminée. L'époque, passée, M le Directeur enverrait lui-même les offrandes réunies à M. le Trésorier du comité, à Saint-Dizier

Toutes les Œuvres réparatrices, tous les Directeurs d'Œuvres catholiques pourront agir de même.

VIII — Décades de la Réparation. — Les zélatrices et les zélateurs de l'Archiconfrérie Réparatrice auraient aussi un beau rôle à remplir en organisant le mode des offrandes dans le milieu où ils vivent Ils pourraient, par exemple, réunir un groupe, ou plusieurs groupes de dix personnes qui s'engageraient à donner un sou par semaine jusqu'à complet achèvement de la Basilique. Nous appellerions ces groupes *les Décades de la Réparation.*

Nos zélateurs et nos zélatrices nous permettront de compter sur leur entier dévouement.

IX. — Pierres de la Réparation. — Nombre de personnes voudront offrir une pierre, ou plusieurs pierres principales destinées à la construction du temple, avec la condition que les lettres initiales de leurs noms seront inscrites sur ces pierres. Nous accepterons leur condition. Puissent toutes les pierres de l'église de l'Archiconfrérie Réparatrice porter ce signe sensible de la foi des souscripteurs ! Ces pierres crieront miséricorde pour la France coupable.

X. — Le sou de la Réparation. — Et les enfants, pourrions-nous les oublier quand l'ennemi s'acharne en ce moment à étouffer dans leurs cœurs la foi au Dieu de leurs pères ? Non, certes ! les enfants des familles chrétiennes seront les premiers à souscrire et nous aurons bientôt le *sou de la Réparation*. Nous recommandons spécialement les enfants à nos zélateurs et à nos zélatrices. Les enfants ont bon cœur, ils aiment donner et ils liront avec contentement leurs noms dans les Annales. Loin de s'opposer à ces petites générosités, les parents chrétiens favoriseront cette protestation des enfants en faveur de la foi qu'ils ont reçue. Ce sacrifice et cette réparation de l'innocence iront droit au cœur de Dieu et plaideront avec succès la cause des blasphémateurs et de la France coupable.

AVANTAGES DE CETTE BONNE ŒUVRE

Tous ceux qui contribueront à la construction de cette Basilique auront droit :

1° — **Pendant leur vie,** *pour eux ou pour leurs défunts,* et immédiatement après leur offrande, à une messe qui sera célébrée une fois *par semaine* à l'autel même de l'Archiconfrérie.

2ª — **Après leur mort,** *à douze messes par an* — une chaque mois — à perpétuité.

3° — Aux prières des associés qui se comptent par millions et particulièrement aux prières si ferventes des Religieuses Réparatrices de Saint-Dizier.

4° — Enfin aux faveurs signalées, souvent extraordinaires, accordées journellement aux personnes qui honorent d'un culte spécial la Sainte-Face du Sauveur. Or c'est faire l'office de sainte Véronique que de contribuer à la construction de la Basilique de la Réparation.

AVIS. — Les offrandes pourront être adressées au Secrétariat de l'Evêché de Langres, — ou à M. le Directeur de l'Archiconfrérie Réparatrice à Saint-Dizier (Haute-Marne), ou à M. le Directeur des *Annales de la Réparation,* à Hallignicourt, par Saint-Dizier, — ou à M le trésorier du comité de l'Œuvre, ou à Mᵐᵉ la Supérieure du Couvent de la Réparation à Saint-Dizier, — ou au bureau de l'Œuvre à Saint-Dizier.

AVIS. — Sous le pontificat de Libérius, Jean, de famille patricienne, et sa noble épouse, firent la sainte Vierge héritière de leurs biens et élevèrent à Rome, à la gloire de leur bonne Mère du ciel, une splendide église qui porte le nom de Sainte-Marie-Majeure. L'Eglise chantera d'âge en âge la magnificence et la libéralité de cet illustre romain.

La Basilique de la Réparation trouvera-t-elle une noble famille qui viendra s'illustrer en donnant son or et son argent, afin de hâter la construction de la grande amende honorable nationale ? Nous le croyons... nous le demandons à Dieu de tout notre cœur.

9 782013 689175